**Konstantinos Theodorou**

# Auswirkungen aktiver Lärmminderungsmaßnahmen gegen Grenzwertüberschreitungen des Bochumer Straßenverkehrs

GRIN Verlag

**Bibliografische Information der Deutschen Nationalbibliothek:**

Die Deutsche Bibliothek verzeichnet diese Publikation in der Deutschen Nationalbibliografie; detaillierte bibliografische Daten sind im Internet über http://dnb.d-nb.de/ abrufbar.



**Impressum:**


Druck und Bindung: Books on Demand GmbH, Norderstedt Germany
ISBN: 978-3-656-44773-3

**Dieses Buch bei GRIN:**

http://www.grin.com/de/e-book/210838/auswirkungen-aktiver-laermminderungs-massnahmen-gegen-grenzwertueberschreitungen

Geographisches Institut

Bachelor-Arbeit

# Auswirkungen aktiver Lärmminderungsmaßnahmen gegen Grenzwertüberschreitungen des Bochumer Straßenverkehrs

Konstantinos Theodorou

Abgabedatum: 01.09.2008

**Inhaltsverzeichnis**

## Abbildungsverzeichnis



## Tabellenverzeichnis

## 1 Einleitung

In der vorliegenden Bachelor-Arbeit des BSc. Studiengangs in Geographie geht es weitgehend um die Auswirkungen aktiver Lärmminderungsmaßnahmen gegen Grenzwertüberschreitungen des Bochumer Straßenverkehrs. Alle aufgeführten Angaben sind in dem Zeitraum von ca. 2006 bis 2008 entstanden. Geräusche und Schall jeglicher Art begleiten uns ein Leben lang und sind Teil unserer Natur. Im Zuge der Modernisierung und technischen Entwicklung im Laufe der Jahre entsteht jedoch zunehmend technischer Schall, der meist weder Funktion noch Nutzen hat. Viele Menschen fühlen sich durch diesen oben genannten Schall belästigt oder haben sogar gesundheitliche Beschwerden, welche oftmals sogar erst nach Jahren zum Vorschein kommen können. Je nach Bezug und Empfinden wird dieser Schall als Lärm bezeichnet und definiert. Laut einer Umfrage des Bundesumweltamtes fühlen sich zwei Drittel der deutschen Bevölkerung von Straßenverkehrslärm belästigt. Zum Schutz der Bevölkerung gibt es Vorschriften und Grenzwerte, welche die Belästigung auf ein zumutbares Maß beschränken sollen. Bauliche Maßnahmen, Grenzwerte und die fortschreitende Technik begrenzen zwar theoretisch die Immissionen, allerdings steigt das Verkehrsaufkommen von Jahr zu Jahr immer weiter an. Auch in Bochum ist der Straßenverkehr sehr ausgeprägt und verursacht hohe Schallimmissionen. Im Zuge des Studienprojektes „Lärm“ wurden in den vergangenen Semestern von den Studierenden für weite Teile des Bochumer Stadtgebietes Lärmkarten erstellt, die die durch den Straßenverkehr erzeugten Immissionen aufzeigen und verdeutlichen. Grenzwertüberschreitungen treten dabei sehr häufig auf und können realistisch betrachtet, auch nicht komplett beseitigt werden. Einige mögliche Maßnahmen zur Lärmminderung sollen aber in dieser Arbeit ausführlich vorgestellt werden. Zunächst wird jedoch einleitend auf die Hintergründe und Grundlagen in dieser Thematik eingegangen, um ein Verständnis für die unterschiedlichen Lärmminderungsmaßnahmen zu schaffen. Der Fokus liegt dabei immer auf dem Straßenverkehr. Im Anschluss werden die unterschiedlichen aktiven Lärmminderungsmaßnahmen vorgestellt und näher erläutert. Der Hauptteil dieser Arbeit besteht aus der Anwendung dieser Maßnahmen auf kleinräumliche Gebiete in Bochum. Anhand dieser Beispiele soll verdeutlicht werden, wie aktive Lärmminderungsmaßnahmen funktionieren und sich auf die Schallpegel und die Schallausbreitung auswirken können. Daraufhin werden die Ergebnisse zusammengefasst und in verschiedenen Grafiken dargestellt. Für die Berechnungen wurde die Software IMMI genutzt, für die enthaltenen Karten ArcGis. Diese

Arbeit entstand zuletzt auch aus persönlichem Interesse an der Thematik, dass sich im Laufe des Lärm-Seminars noch verstärkt hat.

## 2 Einführung in die Lärmproblematik

Lärm ist in unserer Gesellschaft und im alltäglichen Leben allgegenwärtig. Ob durch den Straßenverkehr, durch technische Anlagen oder durch zu laute Nachbarn. Doch was ist Lärm eigentlich? Es stellt sich die Frage, ob Lärm gemessen werden kann und welche Maßnahmen es in Bezug auf den Lärmschutz gibt. Auf diese und weitere Fragen werde ich im folgenden Teil der Arbeit näher eingehen.

### 2.1 Was ist Lärm?

Zunächst lässt sich sagen, dass Lärm keine physikalische oder messbare Größe ist, sondern vielmehr „das Resultat einer subjektiven Bewertung von Schallereignissen (Geräuschen), denen oder deren Erzeuger der Hörer negativ gegenübersteht" (Krell 1990: 15). Die Bewertung ob ein Geräusch, welches man als Schallereignis bezeichnet, als Lärm empfunden wird, wird unter anderem durch die Schallintensität, den Informationsgehalt, die Geräuschempfindlichkeit des Betroffenen und die persönlichen Einstellung des Hörers gegenüber dem Geräusch beeinflusst. So stören zum Beispiel Geräusche aus der Natur (morgendliches Vogelgezwitscher) in der Regel nicht so wie solche aus dem Straßenverkehr (Berufsverkehr, Verkehrssituation an einer Hauptstraße). Ein anderes, aus dem Alltag gegriffenes Bespiel bezüglich der Wahrnehmung von Lautstärken, kann man anhand der Beziehung zwischen zwei Zuhörern und ihrer individuellen Einstellung zum Lärm veranschaulichen; während eine Person laute Musik als angenehm, beziehungsweise normal empfindet, fühlt sich eine andere Person durch genau die gleiche Lautstärke belästigt oder behindert. Aufgrund der Subjektivität gibt es keine einheitliche Definitionen von Lärm; eine mögliche ist die folgende: „Lärm ist Schall, der (subjektiv) stört und/oder objektiv schädigt" (Bank 1994: 29). Die Schädigung ist auch zentraler Gegenstand gesetzlicher Vorschriften. Im Bundes-Immissionsschutzgesetz (BImSchG) heißt es, dass Menschen, Tiere und Pflanzen vor schädlichen Umwelteinwirkungen geschützt werden und deren Entstehung vorgebeugt werden sollte. Dabei handelt es sich nur um vom Menschen verursachte Umwelteinwirkungen. Außerdem wird unterschieden zwischen Emission und Immission; das heißt, man stellt die Aussendung von Schall an einer Quelle, dem eintreffenden Schall bei einem Empfänger gegenüber. Dieser Sachverhalt lässt sich am folgenden Beispiel (Abb. 1) zugänglich erläutern:

Abb. 1: Gegenüberstellung Emission und Immission

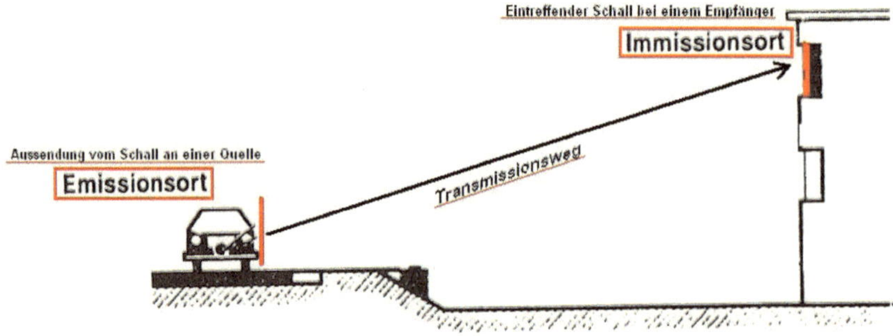


Quelle: Krell, Karl 1990: Handbuch für Lärmschutz an Straßen und Schienenwegen. S. 131 (bearbeitet)

In der oben aufgeführten Grafik (Abb.1) gilt für die Berechnung in Bezug auf den Immissionsschallpegel, dass es sich bei dem Emissionsort um den Straßenverkehr handelt, welcher ein Beispiel für die Aussendung vom Schall an einer Quelle darstellt. Die beispielhaft aufgeführte Hauswand bildet den Immissionsort, welcher den eintreffenden Schall bei einem Empfänger verbildlicht. Der Vorgang vom Emissionsort zum Immissionsort wird als Transmissionsweg (Ausbreitungsweg) bezeichnet. Den Beeinträchtigungen, die möglicherweise am Immissionsort durch Lärm entstehen, soll in der Planungspraxis durch die Festlegung von Grenzwerten begegnet werden (Ministerium für Stadtentwicklung 2001: 12-16). Mehr dazu unter Punkt 2.5.

## 2.2 Physikalische Grundlagen

Im Gegensatz zum Lärm ist Schall auch objektiv messbar. Es wird je nach Ausbreitungsmedium unterschieden zwischen Körperschall, Flüssigkeitsschall und Luftschall. In dieser Arbeit geht es ausschließlich um den zuletzt genannten Aspekt. Beim Luftschall kommt es zu örtlichen und zeitlichen Änderungen des Luftdrucks, hervorgerufen durch die Schwingung eines Körpers, der mit den Molekularteilchen in der Luft in Wechselwirkung trifft. Dabei entstehen Wellen, die sich in der Luft bei einer Temperatur von 21°C mit einer Geschwindigkeit von etwa 344 m/s ausbreiten. Die Anzahl der Schwingungen pro Sekunde, welche man als Frequenz bezeichnet, bestimmt die Tonhöhe und wird in Hertz (Hz) gemessen. Schwingungen mit niedriger Frequenz haben eine große Wellenlänge, hochfrequente haben kurze. Bei 20 Hz beträgt die Wellenlänge beispielsweise 17 m, bei 100 Hz 3,40 m und bei 1000 Hz 34 cm. Die Druckänderung die bei einem Schallereignis entsteht, ist im Vergleich zum stationären Luftdruck mit einer Spanne von 20 µPa bis 20 Pa sehr gering und entspricht der vom Menschen wahrnehmbaren Veränderung (Noack 1995: 3). Aufgrund der hohen Spanne zwischen den Werten wird für die Schallintensität eine logarithmische Darstellung angewendet: das Dezibel (dB). Das Dezibel ist keine Einheit, sondern der dekadische Logarithmus vom Verhältnis einer Schallintensität zu einem Bezugswert, nämlich der Hörschwelle von 20 µPa. Bei einer Verdopplung der Intensität erhöht sich der Pegel um 3 dB, bei einer Verzehnfachung um 10 dB, was subjektiv einer Verdopplung der „Lautstärke" gleichkommt. Der Schallpegel nimmt bei einer kugelförmigen Schallausbreitung, wie sie bei einzelnen Schallquellen auftritt, bei Verdopplung der Strecke um etwa 6 dB und bei zylindrischer Ausbreitung (z.B. bei Straßen) um etwa 3 dB ab. Darüber hinaus ist die Ausbreitung abhängig von der Witterung - wie z.B. der Luftabsorption, Brechungseffekten bei Temperatur- oder Windgradienten und bodennaher Temperaturinversionen - sowie der Bodenbeschaffenheit und eventuell vorhandener Hindernisse (Krell 1990: 21-22). Das Hörvermögen eines erwachsenen Menschen reicht von 16 bis 16.000 Hz und umfasst drei 10er Potenzen. Junge und gesunde Ohren können auch Frequenzen von bis zu 20.000 Hz wahrnehmen. Töne gleicher Intensität werden bei mittleren Frequenzen von 2 bis 5 kHz lauter empfunden als solche bei niedrigerer oder höherer Frequenz. Hier ist Empfindlichkeit am höchsten und die Hörschwelle am niedrigsten. Nicht umsonst befinden sich in diesem Frequenzbereich auch die wesentlichen Informationen der menschlichen Sprache (Bank 1994: 939 ff.). Abb. 2 verdeutlicht den Zusammenhang zwischen Tonhöhe und Schallpegel und zeigt die Schmerzgrenze, die bei etwa 120 - 130 dB liegt, und die Hörschwelle. Auf der rechten Seite sind charakteristische Beispiele für einige Schallpegel aufgeführt.

Abb. 2: Menschliches Hörvermögen

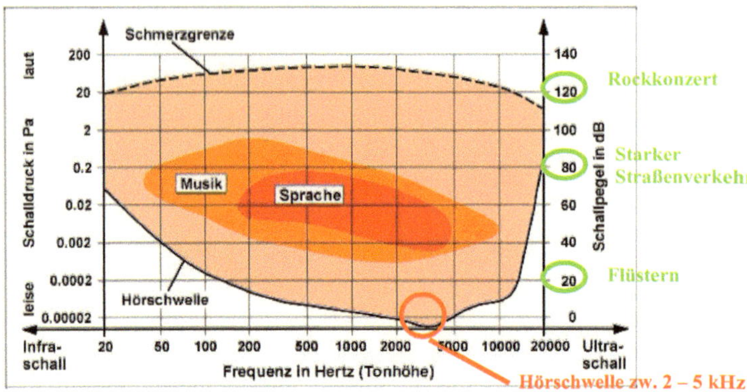


Quelle:
http://www.stadtklima-stuttgart.de/stadtklima_image/laerm/schalldruckskala.png

Oberhalb der Schmerzgrenze können auch bei kurzzeitigen Schallereignissen irreparable Hörschäden auftreten. Aber auch niedrigere Schallpegel können zu Schäden führen, wenn sie über einen längeren Zeitraum einwirken. Die möglichen Schädigungen durch Straßenverkehrslärm werden im nächsten Punkt thematisiert.

### 2.3 Auswirkungen auf den Menschen

Geräusche, die im Verkehr entstehen, verursachen keine direkten (auralen) Gehörschäden, da die Spitzenpegel nicht in den Bereich der Schmerzgrenze hineinreichen bzw. kein ständiger Dauerlärm von über 80 dB(A) entsteht. Dennoch gibt es physiologische und psychologische Auswirkungen, die durch Schallereignisse entstehen können. Dazu gehören beispielsweise Schlafstörungen, Erhöhung des Blutdrucks, Ausschüttung von Adrenalin und Veränderung der Atem- und Pulsrate. Diese Wirkungen müssen nicht zwangsläufig zu Krankheiten führen, jedoch stellen sie gewisse Risikofaktoren für Gesundheitsbeeinträchtigungen dar, die jedoch auch durch zusätzliche Faktoren beeinflusst werden können (Krell 1990: 29ff.). Bei einer Dauerbelastung von bis zu 80 dB(A) besteht ein höheres Risiko für Herz-Kreislauf-Erkrankungen, bei 60 dB(A) kommt es zu Konzentrationsstörungen und einer Herabsetzung der Lern- und Leistungsfähigkeit. Liegt der Dauerschallpegel nachts über 40 dB(A), kann ein ruhiger, erholsamer Schlaf beeinträchtigt werden (Umweltbundesamt 2008). Wichtig bei der Wirkung von Verkehrsgeräuschen ist aber auch die psychologische Wahrnehmung. Es spielt keine große Rolle, wie laut Geräusche wirklich sind, sondern wie sie von einem Menschen wahrgenommen werden. Wenn eine subjektive negative Bewertung eines Geräusches vorliegt, wird auch das individuelle Wohlbefinden negativ beeinflusst. Ein Beispiel dafür ist etwa ein Sportwagenfahrer, für den das Geräusch des Motors Lustgewinn bedeutet, von einem Anwohner während seines Mittagsschlafs jedoch als sehr störend empfunden wird. Als besonders störend werden unerwartete, vermeidbare und rücksichtslose Geräusche empfunden. Die Empfindlichkeit gegen Lärm nimmt während der Nacht und mit dem Alter zu und ist auch abhängig von der aktuellen körperlichen und seelischen Verfassung. Eine interessante These ist, dass durch die Sensibilisierung für das Thema Lärm durch Politiker und Medien die Empfindlichkeit gegenüber leisen und mittleren Geräuschen gesteigert werden kann. Die subjektive Wahrnehmung von Lärm ist also auch ein Stück weit sozial geformt (Krell 1990: 29-40).

### 2.4 Berechnung und Beurteilungspegel

Belastungen durch Verkehrsgeräusche werden nach der Sechzehnten Verordnung zur Durchführung des Bundes-Immissionsschutzgesetzes (16. BImSchV) nur berechnet und nicht gemessen. Das liegt zum einen an der Repräsentativität: bei Kurzzeitmessungen könnte durch nicht konstante Verkehrsstärken und – Zusammensetzungen sowie durch die Witterung unterschiedliche Werte gemessen werden. Langzeitmessungen wären zu aufwendig und kostenintensiv. Ein weiterer Vorteil besteht in der Planung von Verkehrswegen, da die Immissionen bereits im Vorfeld von Baumaßnahmen abgeschätzt werden können. Ferner gibt es Zuschläge (z.B. bei Ampeln) und Abschläge (z.B. für Schienenverkehr), die das subjektive Empfinden berücksichtigen sollen und nicht messbar sind (Krell 1990: 87-99). Diese zusätzlichen Werte werden beim Mittelungspegel berücksichtigt und ergeben den so genannten Beurteilungspegel. Der Mittelungspegel ist ein Wert, der alle Geräuscheinwirkungen für einen definierten Bezugszeitrum enthält und dabei Peaks in besonderem Maße berücksichtigt. Dabei werden die einzelnen Vorbeifahrtpegel zum Mittelungspegel zusammengesetzt. Abb. 3 zeigt den Zusammenhang anhand von kurzzeitig erhöhten Messwerten.

Abb. 3: Mittelungspegel

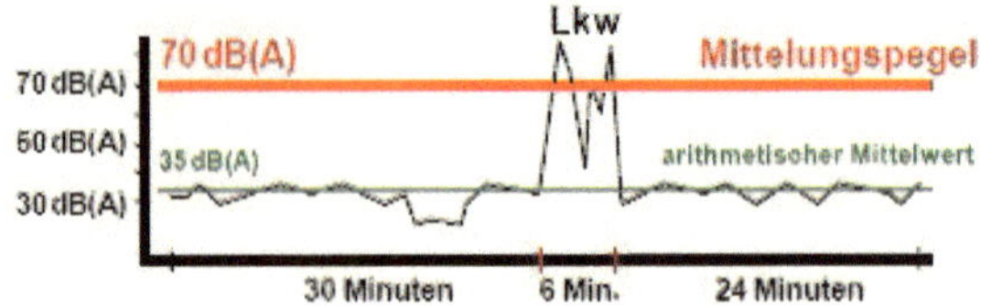


Quelle: Bundesministerium für Verkehr: Lärmschutz im Verkehr

Durch die kurzzeitigen Geräuschspitzen, die in dem Beispiel von den LKW verursacht werden, liegt der Mittelungspegel deutlich über dem Wert, der den arithmetischen Mittelwert beschreibt. Der Mittelungspegel nimmt dabei mit der Entfernung nur halb so stark ab, wie der maximale Vorbeifahrtpegel eines Fahrzeugs (Bundesministerium für Verkehr 1998).

Die Rechenverfahren für die Pegel sind so konzipiert, dass die Ergebnisse in der Regel immer über gemessenen Werten liegen. In die Berechnung fließen die Parameter Verkehrsstärke in Form von mittlerer stündlicher Verkehrsstärke bzw. durchschnittlicher täglicher Verkehr (DTV), die zulässige Geschwindigkeit sowie der Anteil von LKW ein. Einfach- und Mehrfachreflexionen von Häusern, Wänden usw. fließen ebenfalls mit ein. Darüber hinaus werden auch die Fahrbahnoberfläche und Steigungen mitberechnet, da diese die Emissionen deutlich erhöhen können. Allerdings finden Witterungsbedingungen wie starker Wind und Regen keine Berücksichtigung, da die Frequenz der Rollgeräusche bezüglich der Fahrzeuge höher, wie auch lauter ist. Für detaillierte Regelungen wird auf die Richtlinie für den Lärmschutz an Straßen 1990 (RLS-90) verwiesen (Krell 1990: 87-99).

Das menschliche Gehör nimmt tiefe Frequenzen nicht so gut war wie mittlere und hohe (vgl. auch Abb. 2). Dadurch werden bei gleicher Intensität die höheren Frequenzen als unangenehmer empfunden. Um die Berechnungen und Messungen dem menschlichen Gehör anzupassen wird seit 1967 ein spezieller Filter bei den Berechnungen eingesetzt: die so genannte A-Bewertung. Dabei werden unterhalb von 1000 Hz, wie in Abb. 4 zu sehen, die Töne abgewertet. Bei einer Frequenz von 31,5 Hz findet beispielsweise eine Abwertung von 40 dB statt.

Abb. 4: A-Bewertungsfilter

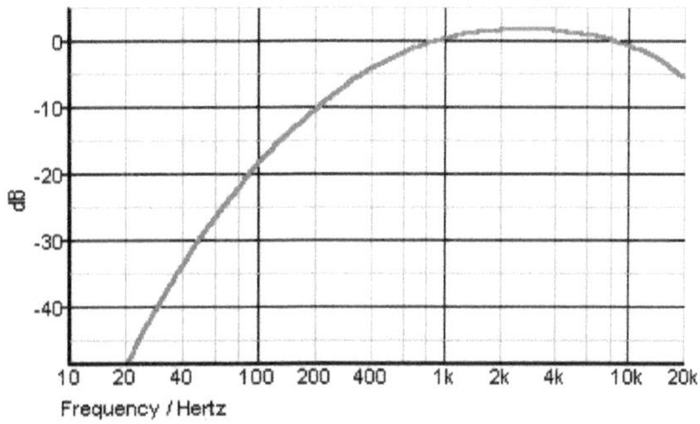


Quelle: http://www.sengpielaudio.com/Bewertungsfilter02.gif

Die A-Bewertung wird unter anderem bei der Bestimmung der Beurteilungspegel sowie in Messgeräten verwendet und hat sich für die meisten Zwecke als praktikabel erwiesen. (Bank 1994: 962ff.). Die Ergebnisse werden in dB(A) angegeben. Allerdings gibt es auch Kritik an dem A-Filter. So können durch die hohen Abzüge im tieffrequenten Bereich Ergebnisse verfälscht werden, besonders wenn sie über 60 dB liegen (Schepers 2006: 12ff.). Bei lang anhalternder Beschallung mit solchen Geräuschen, auch mit Infraschall unter 20 Hz, kann es zu gesundheitlichen Schäden kommen, wie etwa eine Herabsetzung der Atemfrequenz, Ohrendruck oder Angstgefühle. Infraschall muss nicht unhörbar sein: eine Tonhöhenempfindung fehlt zwar, aber der Schall kann durch Pulsationen und Vibrationen wahrgenommen werden. Laut Umweltbundesamt wurde bei Messungen auch eine Hörschwelle bis hinunter zu einer Frequenz von 1 Hz festgestellt. Ferner werden durch Infraschall als Sekundäreffekte auch Vibrationen und Erschütterungen, wie z.B. das Rütteln von Fenstern, Türen und Gegenständen, hervorgerufen, die sich negativ auf das Wohlbefinden auswirken können (Umweltbundesamt 2007b). Es gibt noch weitere Verfahren zur Bewertung von Schallereignissen, die sich bislang allerdings noch nicht durchsetzen konnten. Dazu gehören die B und C-Bewertungen, die tiefe Frequenzen und höhere Lautstärken berücksichtigen. Genauer wäre aber eine Erfassung in „sone“, der subjektiven Lautheit, die neben der Frequenzabhängigkeit auch die Überdeckung der Frequenzen berücksichtigt. Der bewertete A-Schallpegel eignet sich nicht zur Kennzeichnung des Lautstärkepegels, wohl aber für reproduzierbare Messwerte und gültige Messergebnisse für viele Arten von Geräuschen (Bank 1994: 962ff.).

## 2.5 Gesetzliche Grundlagen und Grenzwerte

Es gibt in Deutschland kein allgemeines Gesetz zum Schutz vor Lärm, sondern einige Regelungen und Vorschriften, die in der Regel nach Lärmquellen bzw. Funktion gegliedert sind. Auch in der Berechnung und Beurteilung gibt es unterschiedliche Verfahren, die mit den verschiedenen Wirkungen und Kriterien zu begründen sind. So entstehen im Straßenverkehr beispielsweise andere Geräusche und Belästigungen als bei technischen Anlagen (Zieten 2006: 5-9). Als umfassende und ranghöchste Regelung gibt es das schon erwähnte BImSchG, dass auf die jeweiligen verbindlichen Rechtsverordnungen verweist. Auch das StVG findet Anwendung, indem vorgeschrieben wird, dass Fahrzeuge so beschaffen sein müssen, dass ihre Geräuschentwicklung das nach dem Stand der Technik unvermeidbare Maß nicht übersteigt und unnötigen Lärm bei der Kraftfahrzeugnutzung verbietet. Für den Straßenverkehr relevant ist vor allem die 16. BImSchV, auch Verkehrslärmschutzverordnung genannt. Neben den Berechnungsgrundlagen enthält sie Immissionsgrenzwerte und Lärmschutzmaßnahmen für den Schutz der Nachbarschaft vor schädlichen Umwelteinwirkungen durch Verkehrsgeräusche. Die Verordnung gilt allerdings nur, wenn neu gebaut wird oder eine wesentliche Änderung von öffentlichen Straßen, z.B. eine Erweiterung durch zusätzliche Fahrspuren, durchgeführt wird. Die Immissionsgrenzwerte, welche für den Außenbereich von Gebäuden gelten, sind in Tab. 1 aufgeführt. Tag bedeutet in diesem Zusammenhang von 6-22 Uhr, Nacht entsprechend von 22-6 Uhr (Ministerium für Stadtentwicklung 2001: 48-53).

Tab. 1: Immissionsgrenzwerte für Beurteilungspegel

| **Gebiet** | **Tag** | **Nacht** |
|---|---|---|
| Gewerbegebiet | 69 dB(A) | 59 dB(A) |
| Kern-, Dorf und Mischgebiet | 64 dB(A) | 54 dB(A) |
| Reine und allg. Wohngebiete und Kleinsiedlungsgebiete | 59 dB(A) | 49 dB(A) |
| Kurgebiete, Schulen, Krankenhäuser, und Pflegeanstalten | 57 dB(A) | 47 dB(A) |

Die jeweiligen Nutzungen lassen sich aus den aktuellen Flächennutzungsplänen entnehmen. Werden die angegeben Grenzwerte überschritten, so besteht ein Anspruch auf Lärmschutzmaßnahmen, die primär aktive Schallschutzmaßnahmen, also z.B. Lärmschutzwände sein sollten. Ist dies nicht umsetzbar oder zu teuer, so soll auf passive Maßnahmen wie beispielsweise Schallschutzfenster zurückgegriffen werden. Die ebenfalls schon erwähnten RLS-90 sind erlassen worden, um einheitliche Verfahrensweisen für Lärmschutzmaßnahmen und für Berechnungen zur quantitativen Darstellung der Lärmbelastung zu schaffen. Mit den Richtlinien soll der Lärmschutz möglichst optimiert und die Machbarkeit und Abwägung verschiedener Maßnahmen geregelt werden. Ferner gibt es noch die DIN 18005-1 zum Schallschutz im Städtebau. Sie wird in der Bauleitplanung eingesetzt und beinhaltet vereinfachte Berechnungsverfahren. Es werden zwar Werte für maximale Immissionen aufgeführt, hierbei handelt es sich jedoch um Orientierungswerte und nicht um Grenzwerte, die zwingend eingehalten werden müssen (Ministerium für Stadtentwicklung 2001: 53ff.).

Seit dem Jahr 2002 gilt die neue EU-Richtlinie 2002/49/EG über die Bewertung und Bekämpfung von Umgebungslärm. Darin werden die Mitgliedsstaaten aufgefordert anhand von einheitlichen Lärmkarten und daraus hervorgehenden Aktionsplänen die aktuelle Lärmbelastung zu ermitteln; mit dem Ziel schädliche Auswirkungen durch Lärm zu verhindern, vorzubeugen und zu mindern. Außerdem soll die Öffentlichkeit, etwa durch eine Internetplattform, über diese Pläne informiert werden. Die Lärmkarten müssen für Ballungsräume mit über 250.000 Einwohnern und Hauptverkehrsstraßen mit über 6 Mio. Fahrzeugen im Jahr bis zum 30.06.2008 und für Ballungsräume mit über 100.000 Einwohnern und Hauptverkehrsstraßen mit über 3 Mio. Fahrzeugen im Jahr bis zum 30.06.2008 fertig gestellt werden. Für die Aktionspläne ist als Zeitplan der 18.07.2008 bzw. der 18.07.2013 vorgesehen. Die Aktionspläne sollen Vorschläge unterbreiten; wie Lärmprobleme bei Grenzwertüberschreitungen vermieden oder gemindert werden können. Eine Umsetzung der Pläne wird allerdings nicht explizit gefordert und ist zeitlich nicht limitiert. Die Umgebungslärmrichtlinie ist mit dem sechsten Teil des BImSchG in deutsches Recht umgesetzt worden (Umweltbundesamt 2007a).

## 3 Aktive Lärmminderungsmaßnahmen

An einer Schallquelle, z.B. an einem PKW, ist der Geräuschpegel am höchsten und nimmt mit zunehmender Entfernung ab. Trotzdem kann die Belastung am Immissionsort, z.B. einem Wohnhaus zu hoch sein, sodass Maßnahmen zur Minderungen ergriffen werden müssen. Aktiver Lärmschutz umfasst alle Maßnahmen, die möglichst nah oder an der Schallquelle selbst durchgeführt werden. Dazu gehören auch solche Maßnahmen, welche auf dem Ausbreitungsweg (Transmission) eingesetzt werden. Die Lärmbekämpfung bei der Entstehung ist am nachhaltigsten, weil der Schall direkt reduziert wird und schon mit geringerer Intensität am Immissionsort ankommt. Allerdings ist dies oft nicht in ausreichendem Maß möglich, sodass die Ausbreitung des Lärms in Richtung sensibler Bereiche möglichst vermindert werden soll (Stadt Braunschweig 2006). In diesem Abschnitt wird eine Vielzahl von Möglichkeiten vorgestellt, die zur Lärmminderung geeignet sind.

### 3.1 Lärmminderung durch bauliche Maßnahmen

Werden die Immissionsgrenzwerte aus Tab.1 überschritten, so greift zunächst das Instrumentarium der baulichen Maßnahmen ein. Es gibt zahlreiche Maßnahmen um Schallimmissionen zu mindern, die sich hinsichtlich Platzbedarf, Wirksamkeit und Preis unterscheiden. Die wichtigsten sind in Abb. 5 dargestellt.

Abb.5: Maßnahmen zur Minderung der Schallimmissionen

Pegelminderung durch Abschirmung 129

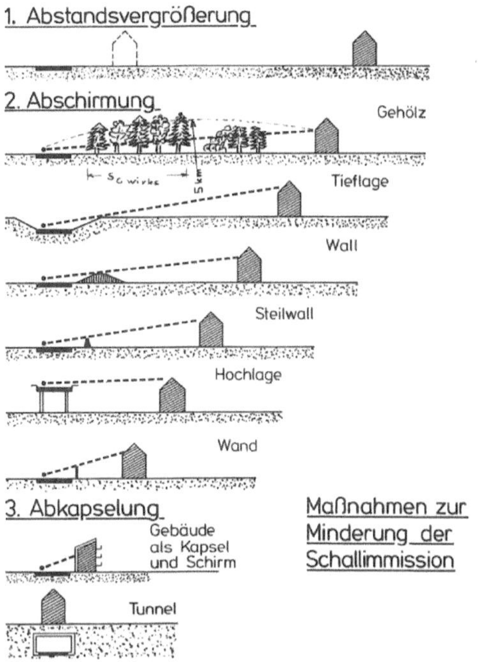


Bild 39: Das Instrumentarium baulicher Maßnahmen zur Minderung des Immissionsmittelungspegels in der Reihenfolge des Platzbedarfs.

Quelle: Krell, Karl 1990: Handbuch für Lärmschutz an Straßen und Schienenwegen. S. 129

Durch eine Abstandsvergrößerung, z.B. durch den Bau einer Umgehungsstraße, wird der Pegel an einem Immissionsort zwar gesenkt, allerdings kommt es zur Verlärmung in anderen Gebieten. In innerstädtischen Bereichen ist das aufgrund des Platzmangels nicht praktikabel (Krell 1990: 218). In den meisten Fällen werden Abschirmungsmaßnahmen ergriffen. Die Hindernisse wirken dabei wie ein Schirm hinter dem sich ein Schallschatten ausbildet. Eine Abschirmung durch Gehölz wird als städtebauliche Maßnahme in der Regel nicht angewendet, da die Pegelminderung sehr gering sind. Erst bei einer Breite von 100 m mit dichtem Unterholz ergeben sich Minderungen von 5 – 10 dB(A). Hinzu kommt eine verminderte Abschirmungswirkung im Winter, wenn sich kein Laub an den Bäumen befindet. Einzelne Bäume und Sträucher im innerstädtischen

Bereich haben kaum eine Auswirkung auf die Immissionen, eine psychologische Wirkung aufgrund der Sichtbarriere zur Schallquelle ist aber durchaus möglich. Häufig werden jedoch Wälle oder Steilwälle errichtet, da sie verhältnismäßig günstig sind und sich, z.B. auch durch Bepflanzung, in das Ortbild integrieren lassen. Die notwendige Erdmasse kann meist durch den anfallenden Erdaushub der Baugebiete gewonnen werden und die schallabgewandte Seite kann für anderweitige Nutzungen wie z.B. Wege, Garagen oder Spielplätze zur Verfügung gestellt werden. Allerdings haben Wälle einen nicht unerheblichen Platzbedarf (siehe Abb. 5) und sind bei gleicher Höhe nicht so wirksam wie Wände, die eher innerstädtisch zum Einsatz kommen. Das liegt vor allem daran, dass die Schirmkante einer Wand näher an der Schallquelle gebracht werden kann, als die eines Walls. Die Fußbreite eines Walls ist in der Regel drei bis viermal so groß wie seine Höhe. Schallschutzwände bestehen meist aus Beton, Aluminium, Holz oder Glas und kosten zwischen 200 bis 400 EUR pro Quadratmeter (Bayrisches Landesamt für Umwelt 2007). Nachteile bei Wänden sind die Beeinträchtigung des Ortsbildes und der Sicherheit, etwa durch Sichtbehinderungen und Lichtreflexionen. Schallreflexionen können unter Umständen den Einsatz absorbierender Materialien notwendig machen, da sich die Pegel dadurch auf der gegenüberliegenden Seite der Wand erhöhen können (Ministerium für Stadtentwicklung 2001: 114-117). Grundsätzlich bestimmt die Höhe einer Abschirmung deren Wirksamkeit. Je höher und näher ein Schallschirm an der Schallquelle ist, desto wirksamer und lärmdämpfender ist er (Krell 1990: 130). Mit zunehmendem Abstand nimmt die Wirkung der Wand ab, bei Entfernungen von über 400 m ist die Pegelminderung sehr gering. Der Schall wird an der Kante einer Abschirmung gebeugt und wird so gezwungen, eine längere Strecke zum Immissionsort zurückzulegen, die Schallintensität nimmt ab (Ministerium für Stadtentwicklung 2001: 109-111). Neben der Höhe ist auch die Breite der Abschirmung von Bedeutung, da der Schall auch an den senkrechten Kanten gebeugt wird. Wälle und Wände können auch kombiniert werden. Für Schallschutz durch Troglagen können natürliche Gegebenheiten des Reliefs ausgenutzt werden. Die Abschirmungswirkung ergibt sich hier aus der Steilheit der Böschung. Allerdings müssen aufgrund der Reflexionen oft absorbierende Verkleidungen angebracht werden. Bei einer Hochlage der Verkehrswege kann die Brüstung als Schallschutzwand genutzt werden. Ist die Brücke oder der Damm höher als die Gebäude in diesem Gebiet, kann der Abstand sehr klein gewählt werden, ohne dass es zu hohen Immissionen kommt. Ein Tunnelbau ist jedoch das wirksamste Instrument bei den baulichen Maßnahmen: der Schall dringt nicht nach außen und die Fläche oberhalb des Tunnels kann anderweitig genutzt werden. Allerdings steigt der Schallpegel durch die Mehrfachreflexionen innerhalb des Tunnels um bis zu 15 dB(A) an und ist deshalb auch sehr hoch bei den Ein- und Ausfahrten. Nicht zuletzt ist ein Tunnelbau einerseits sehr kostspielig, aber vor allem im Unterhalt sehr teuer (Ministerium für Stadtentwicklung 2001: 120-122).

### 3.2 Verkehrsbeeinflussung und Schallschutzplanung

Schädliche Umwelteinwirkungen, wie Lärm, sind per Gesetz in der Bauleitplanung zu berücksichtigen. Durch geschickte Planung kann vermieden werden, dass für Neubaugebiete Grenzwertüberscherschreitungen auftreten. Vorbeugende Maßnahmen zum Lärmschutz sind deshalb gegenüber nachträglichen Maßnahmen kostengünstiger und effektiver. Dazu gehören beispielsweise die Verminderungen von Funktionstrennungen des Verkehrs, wie z.B. eine Bündelung von Straßen- und Schienenverkehr, die Beschränkung von Stellplätzen und Garagen oder die Ausweisung von reinen Wohngebieten und damit verbundener Abnahme der Immissionsrichtwerte (Krell 1990: 207-214). Darüber hinaus gibt es auch Möglichkeiten, zur Immissionsminderung in den fließenden Verkehr einzugreifen. So wird z.B. beim Konzept der Verkehrsberuhigung versucht, Durchgangsverkehr von Wohngebieten auf Umgehungs- bzw. Hauptverkehrsstraßen umzuleiten, da die Zunahme des Schallpegels auf der Hauptstraße kleiner ist als die Abnahme des Pegels im Wohngebiet. Ein weiterer Ansatz ist es, die Geschwindigkeit der Fahrzeuge zu verringern. Da eine Geschwindigkeitsbegrenzung meist nicht ausreicht, sind weitere Maßnahmen wie Mittelinseln oder eine Verengung des Fahrbahnverlaufes erforderlich. Dabei ist zu beachten, dass durch die Maßnahmen ein gleichmäßiger Verlauf der Fahrt möglich ist, um häufiges Bremsen und Beschleunigen zu unterbinden (Schick 1998: 32-37). Einige Maßnahmen zur Verkehrsbeeinflussung werden in den folgenden Abschnitten näher beleuchtet.

#### 3.2.1 Verringerung der Verkehrsstärke

Die Verkehrsstärke, meist als DTV angegeben, hat einen wesentlichen Einfluss auf die resultierenden Schallemissionen. Der Zusammenhang ist logarithmisch, d.h. bei einer Verdopplung des Verkehrs kommt es nach RLS-90 zu einer Steigerung von etwa 3 dB(A) bei einer Verzehnfachung ist es um etwa 10 dB(A) lauter, was ja von einem Menschen als eine Verdopplung der Lautstärke empfunden wird. Das gilt allerdings nur, wenn die Verkehrsstärke so hoch ist, dass Fahrzeuge nicht als Einzelereignis wahrgenommen werden (Schick 1998:14). Da der Verkehr, außer vielleicht bei Fahrverboten, nicht in der Summe vermindert werden kann bedeutet eine Abnahme bei einer Straße gleichzeitig eine Zunahme bei einer anderen. Diese Verlagerung ist jedoch das Prinzip der Verkehrsberuhigung, wie schon unter 3.2 thematisiert. In der Praxis sind damit Reduktion des Mittelungspegels von bis zu 2 dB(A) möglich, in Ausnahmefällen auch mehr. Die Maßnahmen umfassen dabei z.B. die Beschränkung der Zufahrt und der Geschwindigkeit, als auch eine Umwandlung in Rechts vor Links Regelungen mit dem Ziel, das Gebiet insgesamt für den Durchgangsverkehr unattraktiv zu gestalten (Schick 1998:32-35). Um die Verkehrsmenge in innerstädtischen Bereichen weiter zu reduzieren, sollten Fußgängerzonen, Radfahrwege und P&R Möglichkeiten geschaffen werden, sodass ein Verzicht auf Pkw, gerade auch bei den Berufspendlern gefördert und angeregt wird. Ein weiterer Aspekt ist die Förderung der Schieneninfrastruktur vor allem in Gewerbegebieten (Ministerium für Stadtentwicklung 2001: 105).

### 3.2.2 Geschwindigkeitsverringerung

Der Einfluss der Geschwindigkeit auf den Mittelungspegel hängt von vielen weiteren Faktoren wie der Fahrbahnoberfläche, der Fahrweise oder dem Lkw-Anteil ab. So wird bei einem Lkw-Anteil von über 10% der Pegel fast vollständig durch die Lkw bestimmt. Geschwindigkeitsbeschränkungen, die nur für Pkw gelten, z.B. von 120 km/h auf 80 km/h, können somit kaum wahrgenommen werden, weil Lkw ja ohnehin nicht schneller als 80 km/h fahren dürfen (Krell 1990: 191). Wichtig ist auch, dass der Geschwindigkeitsverlauf gleichmäßig gestaltet wird, um unnötiges Abbremsen und Beschleunigen zu verhindern. Dabei spielt die Motordrehzahl eine Rolle, denn je höher die Motordrehzahl ist, desto höher sind auch die Antriebsgeräusche. Es ist also von Vorteil, einen höheren Gang zu benutzen und somit die Drehzahl gering zu halten. Bei einer Geschwindigkeit von 40 km/h entstehen z.B. im 2. Gang Emissionen von etwa 70 dB(A), während im 4. Gang nur ca. 63 dB(A) erzeugt werden. Das Problem bei den Maßnahmen ist oftmals, dass Geschwindigkeitsbeschränkungen, gerade bei geringen Verkehrsstärken oder bei Einbahnstraßen, nicht eingehalten werden. Abhilfe schaffen hier Geschwindigkeitskontrollen, Fahrbahnverengungen oder Kreisverkehre. Rein theoretisch beträgt die Abnahme bei einer Verringerung von 50 auf 30 km/h etwa 2,5 dB(A), bei 60 auf 40 km/h in etwa 2,2 dB(A). In der Praxis sind diese Pegel aber aufgrund der höheren Vorbeifahrtpegel etwas geringer (Schick 1998: 34ff.).

### 3.2.3 Lkw-Anteil

Lkw sind bei gleicher Geschwindigkeit etwa 10 dB(A) lauter als Pkw, d.h. ein Lkw ist so laut wie rund zehn Pkw. Beträgt der Lkw-Anteil mehr als 10%, so spielen die Pkw für den Mittelungspegel nur eine sehr untergeordnete Rolle. Bei geringerem Tempo lassen sich höhere Lärmminderungen erzielen, weil die Lkw hier aufgrund des Motorengeräusches einen größeren Anteil zur Gesamtemission beitragen. Es lassen sich theoretisch bei einer Straße mit einer Geschwindigkeitsbegrenzung von 50 km/h und einer Verringerung des Lkw-Anteils von 15% auf 3% bis zu 4 dB(A) vermeiden. Allerdings ist das in der Praxis schwer umzusetzen, da die wichtigen Verkehrsachsen ohne eine entsprechende Schaffung einer zumutbaren Umgehungsmöglichkeit nicht einfach vom Lkw-Verkehr befreit werden können. Auf kleineren Straßen hingegen ist der Lkw-Anteil nicht so hoch, dass sich durch ein Verbot signifikante Unterschiede ergeben würden. Die Überwachung von Durchfahrverboten gestaltet sich ebenfalls schwierig und eine Verengung kommt aufgrund der Bemessung für die Ansprüche von Müll- und Rettungswagen auch nicht in Frage. Positiv zu bewerten hingegen ist die Förderung lärmarmer Lkw, je nach Anteil kann der Mittelungspegel um bis zu 3 dB(A) gesenkt werden (Schick 1998: 38-42).

### 3.2.4 Straßenbelag

Die Fahrbahnoberfläche beeinflusst ebenfalls maßgeblich die Schallemissionen von Fahrzeugen. In der Regel wird innerorts Asphaltbeton verbaut, welcher als Referenz in den RLS-90 berücksichtigt wird. Geriffelte Asphalte oder Pflaster können allerdings, vor allem mit zunehmender Geschwindigkeit, den Geräuschpegel erhöhen. In Tab. 2 sind die Zuschläge aus den RLS-90 für diese Oberflächen aufgeführt.

Tab. 2: Geschwindigkeitsabhängige Pegelzuschläge für unterschiedliche Straßenoberflächen

| **Straßenoberfläche** | Pegelzuschläge in dB(A) bei einer Geschwindigkeit von | | |
|---|---|---|---|
| | 30 km/h | 40 km/h | 50 km/h |
| Nicht geriffelte Gussasphalte, Asphaltbetone oder Splittmattixaspahlte | 0 | 0 | 0 |
| Geriffelte Gussasphalte oder Betone | 1,0 | 1,5 | 2,0 |
| Pflaster mit ebener Oberfläche | 2,0 | 2,5 | 3,0 |
| Sonstiges Pflaster | 3,0 | 4,5 | 6,0 |

Aufpflasterungen, die bei einer zulässigen Geschwindigkeit von über 30 km/h vorliegen, sollten also möglichst durch leisere Straßenbeläge ersetzt werden. Allerdings können auch unebene oder beschädigte Straßen sowie Schachtdeckel laute Geräusche verursachen, die zwar nicht in die Berechnung mit eingehen, jedoch als sehr störend empfunden werden können (Ministerium für Stadtentwicklung 2001: 102). Neben dem üblicherweise verbauten Asphaltbeton gibt es auch lärmarme, offenporige Straßenbeläge, welche auch Drainasphalt genannt werden. Diese können die Emissionen gegenüber normalem Asphalt durch Absorption und Verringerung des Air-Pumping-Effekts um bis 8 dB(A) senken und sind auch bei Nässe sehr wirksam, da das hochfrequente Zischen effektiv vermindert wird. Darüber hinaus steigt auch der Fahrkomfort im Innern des Fahrzeuges. Nachteile des offenporigen Asphalts sind die in etwa doppelt so hohen Kosten. Einen negativen Aspekt stellen auch die notwendigen und aufwendigen Reinigungsmaßnahmen bei Verschmutzungen dar, die durch die Verstopfung der Poren entstehen. Darüber hinaus ist der Drainasphalt aus technischen Gründen nur außerorts zugelassen. Eine innerstädtische Verwendung ist aber ohnehin nur begrenzt sinnvoll, weil der Drainasphalt in erster Linie die bei niedrigen Geschwindigkeiten geringen Rollgeräusche mindert. Eine neuere Entwicklung sind doppellagige, offenporige Beläge, bei denen die Reinigung entfällt. Die obere Schicht ist dabei sehr feinkörnig, die untere grobkörnig zusammengesetzt. Grober Schmutz wird durch die obere Schicht aufgehalten, daraufhin wird der feine Schmutz dann in der unteren Schicht horizontal ausgewaschen. Diese Beläge werden allerdings noch nicht verbaut, da die Herstellung sehr aufwendig ist und im Planfeststellungsverfahren noch nicht berücksichtigt wird (VCD 2003: 13-17).

### 3.2.5 Verkehrsberuhigung

Verkehrsberuhigende Maßnahmen werden in erster Linie in reinen Wohngebieten angewendet, vor allem wenn die Straßenbreite aufgrund von Planungen aus der Vergangenheit sehr groß bemessen ist. Es gibt eine Vielzahl von baulichen und Verkehrsregelnden Maßnahmen, die auch in Kombination eingesetzt werden können. Dazu gehören beispielsweise flächenhafte Geschwindigkeitsbeschränkungen (Tempo 30 Zone), schilderlose Vorfahrtsregelungen, Markierungen, Fahrbahnversatz, Einengungen und dergleichen mehr. Die Ausweisung einer Tempo 30 Zone erfolgt durch die Straßenverkehrsbehörden im Einvernehmen mit der jeweiligen Gemeinde. Innerhalb dieser Bereiche dürfen sich keine durch Lichtzeichen geregelte Kreuzungen und Einmündungen befinden, die als Vorfahrtsregel gilt „Rechts vor links“. Tempo 30 Zonen werden, bis auf Kritik an einigen baulichen Maßnahmen, von den Anwohnern als sehr positiv bewertet und sind bereits in vielen Bereichen flächendeckend eingerichtet worden (Ministerium für Stadtentwicklung 2001: 108). Ein zentraler Aspekt bei der Verkehrsberuhigung ist die Vermeidung von Lkw- und Durchgangsverkehr sowie die Schaffung einer „optisch rauen“ Straße, das heißt eingeschränkte Sicht und eingeschränkter Platz, sodass sich der Kraftfahrer auf eine niedrige Geschwindigkeit einstellt. Als wirkungsvoll in Hinblick auf die Lärmminderung haben sich Markierungen, welche sehr günstig sind und bewirken, dass die Geschwindigkeit gemindert wird, der Kreisverkehr, welcher bewirkt, dass die Aufmerksamkeit der Kraftfahrer steigt und die Geschwindigkeit somit auch gemindert wird oder alternierendes Parken, wobei durch die versetzt geparkten Kraftfahrzeuge ein vorsichtigerer und aufmerksamerer Fahrstil angeregt wird, der gezielt beeinflusst, dass die Kraftfahrer auch in dem Fall automatisch langsamer fahren, erwiesen. Nicht oder nur unter besonderen Umständen sollten Schwellen oder Pflasterbänder gebaut werden, da die Lärmbelastung durch die Rollgeräusche und den ungleichmäßigen Fahrtverlauf erhöht werden kann (Schick 1998: 54ff.).

## 3.3 Geräuschminderung an Fahrzeugen

Die beste und effektivste Möglichkeit Lärm zu verhindern, ist natürlich die Vermeidung von Geräuschen. Ist dies nicht möglich, ist die Minderung an der Quelle, im Falle des Straßenverkehrs also bei den Fahrzeugen am wirksamsten, da der Schall schon mit geringerer Intensität am Immissionsort ankommt. Die Emissionen bei Fahrzeugen setzen sich zusammen aus dem Motorgeräusch (auch Getriebe, Lüfter und Auspuff), dem Rollgeräusch der Reifen, welches sich bedingt durch die Fahrbahnoberfläche (Witterung) verändern kann, dem Poltergeräusch durch Unebenheiten der Fahrbahn und dem Windgeräusch, welches allerdings keine maßgebliche Rolle spielt (Krell 1990: 151). Laut Straßenverkehrs-Zulassungs-Ordnung müssen Kraftfahrzeuge so beschaffen sein, dass die Geräuschentwicklung das nach dem jeweiligen Stand der Technik unvermeidbare Maß nicht übersteigt. Es sind Grenzwerte festgelegt, die nicht überschritten werden dürfen und dem Stand der Technik angepasst werden. Seit 1970 gibt es europaweite Vorschriften für Grenzwerte bei Kraftfahrzeugen (Tab. 3).

Tab. 3: Geräuschgrenzwerte für Kraftfahrzeuge in dB(A)

| Fahrzeugart | Bis 1980 | Bis 1988 | Ab 1988 | Ab 1996 |
|---|---|---|---|---|
| Pkw | 82 | 80 | 77 | 74 |
| Busse < 150 kW | 89 | 82 | 80 | 78 |
| Busse > 150 kW | 91 | 85 | 83 | 80 |
| Kleinbusse < 2 t | 84 | 81 | 78 | 76 |
| Kleinbusse > 2 t | 84 | 81 | 79 | 77 |
| Lkw < 75 kW | 89 | 89 | 81 | 77 |
| Lkw 75-150 kW | 89 | 86 | 83 | 78 |
| Lkw > 150 kW | 91 | 88 | 84 | 80 |

Die Grenzwerte werden bei einer Geschwindigkeit von 50 km/h sowie einer Entfernung von 7,5 m ermittelt und wurden mehrmals angepasst. Besonders bei Lkw und Bussen konnten massive Senkungen von über 10 dB(A) realisiert werden. Man muss jedoch bedenken, dass die Grenzwerte nur für Neufahrzeuge gelten. Auch Pkw sind im Laufe der Jahre erheblich leiser geworden, gleichzeitig hat sich jedoch auch das Verkehrsaufkommen stark erhöht (Bundesministerium für Verkehr 1998). Hinzu kommt, dass die Geschwindigkeit der Fahrzeuge ebenfalls zugenommen hat und teilweise über die Berechnungsvorschrift von 130 km/h hinausgeht. Höhere Geschwindigkeiten bedeuten auch höhere Emissionen (VCD 2003: 9). Das Antriebsgeräusch ist dabei bei Pkw nur bis zu einer Geschwindigkeit von etwa 40 km/h von ausschlaggebender Bedeutung. Darüber hinaus dominiert, wie in Abb. 6 zu sehen ist, das Rollgeräusch der Fahrzeuge.

Abb. 6: Antriebsgeräusch und Rollgeräusch bei Pkw

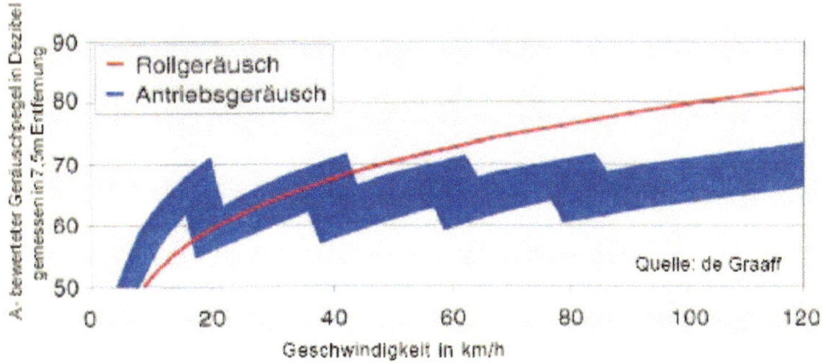


Quelle: VCD Verkehrsclub Deutschland e.V. (Hg.) 2003: Bekämpfung von Straßenverkehrslärm S. 23

Das blaue Band zeigt den Verlauf des Antriebsgeräusches: das Absinken entsteht durch Schaltvorgänge, die Emissionen sind also auch abhängig von der Motordrehzahl. Beim Zusammenwirken von Schallquellen besteht ein vorrangiger Handlungsbedarf gegenüber der stärksten Schallquelle. Es sollte also in erster Linie bei den Reifen angesetzt werden, zumal weitere Maßnahmen beim Antrieb zu Konflikten mit Sicherheit und Gewicht der Fahrzeuge führen können. Auch für die Reifen gibt es europaweite, nach Reifenbreite abgestufte Grenzwerte, allerdings erst seit dem Jahre 2001. Eine verbindliche Genehmigung aller Reifentypen tritt aber erst 2009, mit einigen Ausnahmen sogar erst 2011 in Kraft (VCD 2003: 21ff.). Laut Umweltbundesamt sind die EU-Grenzwerte für Reifen zu niedrig, da bei einem Reifentest die Werte deutlich unterboten wurden. Abb.7 verdeutlicht die Ergebnisse dieser Untersuchung.

Abb. 7: Zusammenhang zwischen Reifenbreite und Abrollgeräusch

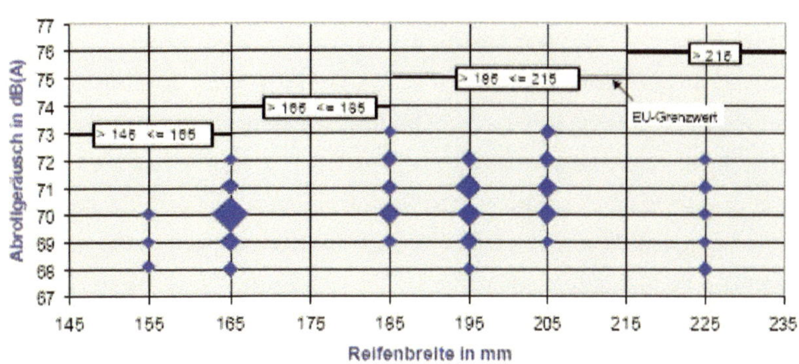


Quelle: VCD Verkehrsclub Deutschland e.V. (Hg.) 2003: Bekämpfung von Straßenverkehrslärm S. 27

Die Dicke der blauen Punkte steht für die Häufigkeit der erzielten Messwerte. Innerhalb einer Klasse wurden dabei Geräuschunterschiede von bis zu 4 dB(A) festgestellt, ohne dass es signifikante Konflikte zwischen Abrollgeräusch, Rollwiderstand und Sicherheitsaspekten gab. Hier sieht man auch, dass die Grenzwerte zu niedrig sind, da kein einziger Reifen den Wert überschreitet oder nur annähernd erreicht. Da dies dem Zweck eines Grenzwertes nicht gerecht wird, hat sich das Umweltbundesamt an die EU gewendet, damit die Werte angepasst werden (Umweltbundesamt 2003).

## 4 Anwendung möglicher Lärmminderungsmaßnahmen auf das Bochumer Stadtgebiet

In diesem vierten Teil werden die Erkenntnisse über die aktiven Lärmminderungsmaßnahmen aus Punkt 3 auf das Bochumer Stadtgebiet übertragen. Die einzelnen Maßnahmen stellen ausgewählte Beispiele dar, welche die Auswirkungen verdeutlichen sollen.

### 4.1 Methodik

Die Daten für die Berechnungen stammen sowohl aus dem Studienprojekt dieses Semesters als auch aus den vorherigen. Im Verlauf des Seminars wurde ein großer Teil des Bochumer Stadtgebiet unter den Studenten aufgeteilt und kartiert. Von Belang waren dabei die Höhe der Gebäude, die anhand der Geschosszahl (Altbau: 3 m, Neubau 2,5 m) bestimmt wurde sowie deren Fassade, da z.B. eine raue Fassade ein anderes Reflexionsverhalten aufweist als eine Glasfassade. Die Höhe der Gebäude ist sehr wichtig für die Ausbreitung des Schalls, da sie als Schallschirm fungieren. Darüber hinaus wurden auch Mauern und undurchsichtige Vegetation ab einer Höhe von 2 m mit aufgenommen. Für die Straßen war das jeweilige Tempolimit aufzunehmen. Auch der Straßenbelag, falls kein Asphaltbeton und die Rangordnung der Straße, also Bundesstraße, Landstraße, Kreisstraße oder Gemeindestraße, wurden notiert. Der DTV-Wert, der maßgeblich für die Immissionen ist, wurde von der Stadt Bochum zur Verfügung gestellt. Bei vielen kleineren Straßen lagen diese Werte allerdings nicht vor, sodass der durchschnittliche tägliche Verkehr geschätzt werden musste. Da es sich jedoch meist um kleinere Werte handelte, haben sie keinen großen Einfluss auf das Resultat. Ampeln wurden in diesem Semester im Gegensatz zu den vorherigen nicht aufgenommen. Diese ganzen Elemente wurden anschließend mit Hilfe von Katasterkarten der Stadt Bochum mit dem Programm ArcView digitalisiert und weiterverarbeitet. Um die Daten wie z.B. die Gebäudehöhe aufzunehmen, wurden die erzeugten Shape-Dateien zunächst in das Programm IMMI importiert und anschließend wieder exportiert. Die entsprechenden Felder wurden dadurch in den Attributtabellen angelegt. Nach Eingabe der Daten wurden die Dateien zur Berechnung der Schallimmissionen in IMMI eingeladen. Aufgrund der komplizierten Parameter, die auch Mehrfachreflexionen berücksichtigen, benötigten selbst leistungsstarke Rechner einige Tage für die Berechnung. Das Ergebnis waren Immissionsraster, die zur Auswertung wieder als Shape-Datei in ArcView oder ArcGis geladen werden konnten.

Das Programmsystem IMMI der Firma Wölfel Meßsysteme wird für die Simulation und Prognose von Schallimmissionen eingesetzt. IMMI rechnet in Zellen, deren Größe man bestimmen kann und orientiert sich an physikalischen Gesetzen. Im Seminar wurde aufgrund der langen Rechenzeit ein relativ grobes 10m Raster ausgewählt. Für die Simulation von Verkehrslärm werden die Rechenvorschriften der 16. BImSchV und der RLS-90 berücksichtigt. Nach Abschluss der Berechnung wird ein Raster angezeigt, dass die jeweiligen Schallpegel in Schritten von 5 dB(A) farblich darstellt. Kleinere Änderungen der Immissionen von weniger als 5 dB(A) sind somit unter Umständen nicht zu erkennen. Deshalb wurden in dieser Arbeit Beispiele ausgewählt, die große Unterschiede aufweisen und deutlich sichtbar sind. Die Farbgebung der Schallpegel erfolgt dabei gemäß der Vorschrift der DIN 18005 und wird auch noch in dieser Arbeit zu sehen sein.

Zur Untersuchung der Grenzwertüberschreitungen lag der Flächennutzungsplan der Stadt Bochum vor, wobei dort nur die für die Schallschutzplanung relevanten Nutzungen Wohngebiet, Mischgebiet, Gewerbegebiet und Kurgebiet (Schulen, Krankenhäuser, Altenheime usw.) näher klassifiziert wurden. Aus den Lärmkarten und spezifischen Flächennutzungsplänen wurden dann im Seminar Konfliktkarten erstellt, um die Grenzwertüberschreitungen darzustellen. Für diese Arbeit wurden Gebiete mit Grenzwertüberschreitungen ausgewählt und die entsprechenden Änderungen wie beispielsweise die Verkehrsstärke verändert und in IMMI für diesen Bereich neu berechnet. Die Ausschnitte sind aufgrund der Rechenzeit sehr kleinräumig, lassen sich jedoch theoretisch auf größere Gebiete ausweiten. Die Ergebnisse werden dann im Vergleich vorher – nachher dargestellt. Dabei handelt es sich ausschließlich um Berechnungen, die tagsüber durchgeführt wurden (6-22 h), da hier die Schallpegel höher sind als nachts. Allerdings gab es bei den Daten einige Ungereimtheiten bezüglich der Vollständigkeit und der Richtigkeit.

## 4.2 Verringerung der Verkehrsstärke

Wie schon unter Punkt 3 erörtert, kann eine Verringerung der Verkehrsstärke schädliche Immissionen verringern, vor allem in dicht bebauten Gebieten, wo nicht viele Maßnahmen realisierbar sind. Aus diesem Grund wurde als Beispiel ein innenstadtnahes Gebiet mit vorwiegender Wohnbebauung ausgewählt. Es handelt sich dabei um die Friederikastraße im Stadtteil Ehrenfeld, südlich der Bochumer Innenstadt. Die nachfolgende Abbildung zeigt das Gebiet rot eingekreist auf dem Ausschnitt des Stadtplans.

Abb. 8: Stadtplan Friederikastr.

Quelle: www.stadtplandienst.de

Auf den ersten Blick ersichtlich sind die Verkehrsachsen mit Bedeutungsüberschuss. Als Umgehung für den Stadtteil fungieren die Hunscheidtstraße bzw. der Waldring und der Steinring. Nördlich schließen sich die Oskar Hoffmann-Straße und die Hattinger Straße (B51) an, welche in den Bochumer Südwesten führt. Eine weitere wichtige Anbindung stellt die 4-spurige Königsallee dar, die den Bochumer Süden mit der Innenstadt verbindet. Die Friederikastraße verläuft in West-Ost Richtung etwa in der Mitte des Rings. Für den Durchgangsverkehr ist sie jedoch als nicht so wichtig einzustufen, bietet aber womöglich eine Alternative zu den stark befahrenen Hauptstraßen. Der tägliche durchschnittliche Verkehr ist mit 6500 Fahrzeugen sehr hoch und belastet die umliegenden Wohngebiete stark. In Abb. 9 ist sowohl die Flächennutzung als auch der berechnete Immissionsschallpegel (Ist Zustand) zu sehen.

Abb. 9: Flächennutzung und Ist-Zustand Friederikastr.

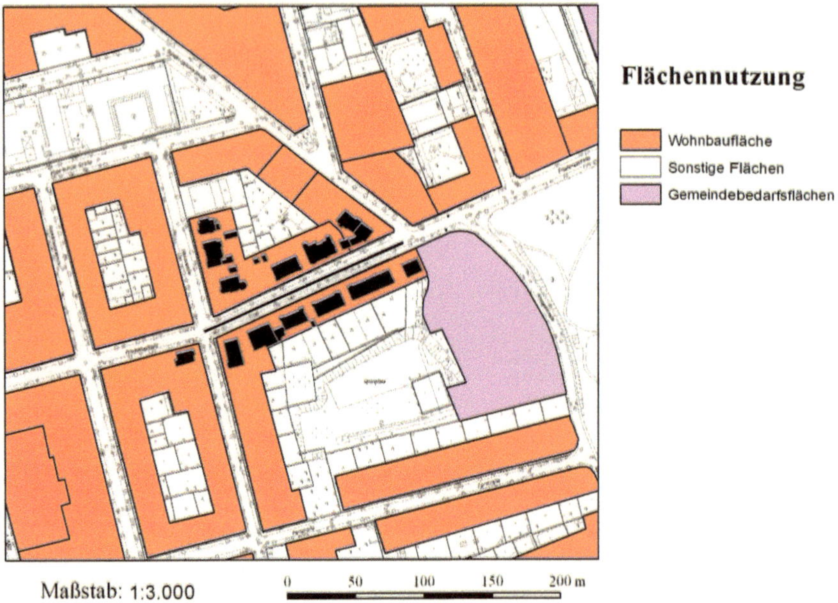


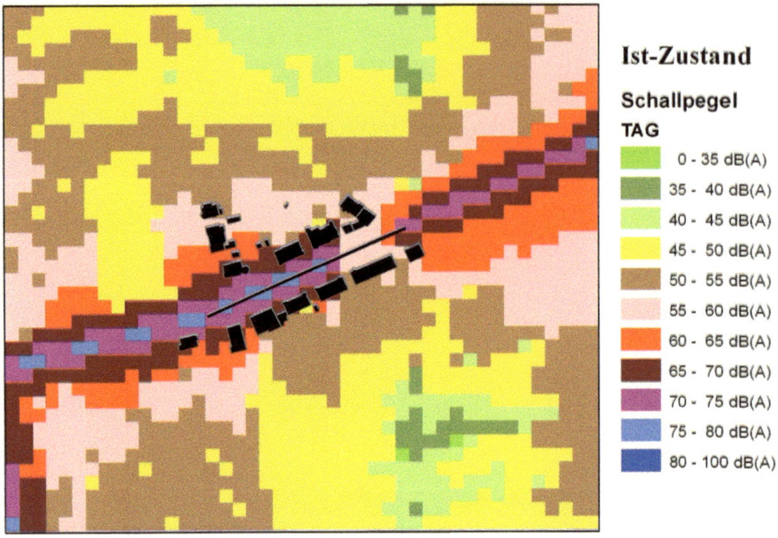


Der schwarze Strich ist der Straßenabschnitt für den der DTV-Wert in der Neuberechnung verringert wurde, die schwarzen Flächen die umliegenden Gebäude. Es wird deutlich, dass vorwiegend Wohnnutzung vorliegt und die Schallpegel an der zur Straße gewandten Seite sehr hoch sind. Die berechneten Pegel liegen meist im Bereich zwischen 65 – 70 dB(A), teilweise auch im Randbereich zur nächst höheren Signatur und übersteigen damit die für reine Wohngebiete festgelegten Grenzwerte von 59 dB(A) um bis zu 10 dB(A). Im östlichen Teil befindet sich außerdem eine Schule, wo die Grenzwerte ja mit 57 dB(A) noch geringer sind. Allerdings sind hier auch die Immissionen etwas geringer. Der Vorschlag für eine aktive Lärmminderungsmaßnahme besteht hier in der Halbierung der Verkehrsstärke von 6500 auf 3200 Fahrzeuge. Dies könnte dadurch erreicht werden, dass die Friederikastraße für die Kraftfahrer unattraktiv gestaltet wird, etwa durch Hindernisse oder größere Parkflächen und sie somit auf die Umgehungsstraßen ausweichen. Das Ergebnis dieser Reduktion ist in Abb. 9 dargestellt.

Abb. 10: Neuberechnung Friederikastraße

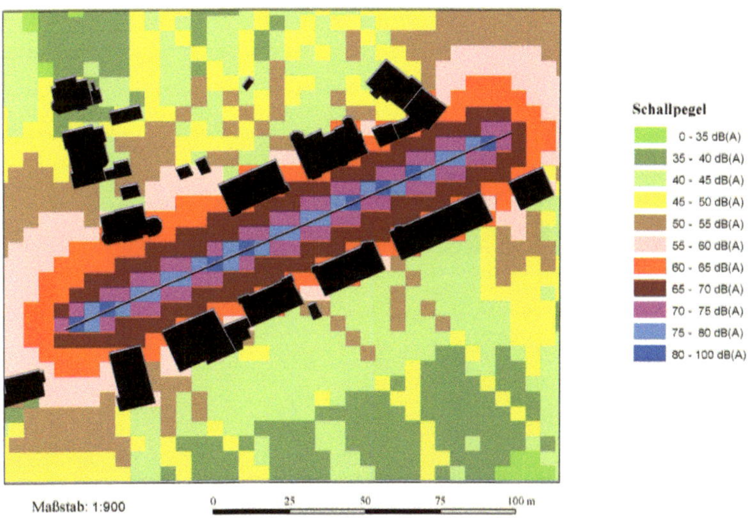


Es lassen sich leichte Pegelreduktion an der Straßenfront von etwa 5 dB(A) erkennen. Die Immissionen liegen nun vorwiegend im Bereich von 60 – 65 dB(A), also zwar immer noch leicht über den Grenzwerten, aber diese Änderung könnte von den Bewohnern bereits als Verbesserung wahrgenommen werden. Eine Reduktion hätte auch eine positive Auswirkung auf den weiter westlich gelegenen Romanusplatz (siehe Abb. 7), der auch einen Vorschlag zur Lärmminderung in Schmid 2007 darstellt. Wenn weniger

Verkehr über die Friederikastraße rollt, würde auch der Kreisverkehr entlastet, da sie von den sechs Straßen welche dort zusammentreffen, die am stärksten befahrene Zufahrtsstraße ist. Die Immissionspegel bzw. Grenzwertüberschreitungen sind am Romanusplatz zurzeit ähnlich hoch wie bei der Friederikastraße.

## 4.3 Geschwindigkeitsverringerung

Ein Tempolimit, sofern es auch eingehalten wird, ist eine einfache Maßnahme, um Immissionen effektiv zu verringern. Als Untersuchungsbeispiel wurde hier die Alleestraße im Stadtteil Stahlhausen ausgewählt. Diese Straße ist sehr bedeutsam für den Bochumer Straßenverkehr: Sie führt von der Innenstadt Richtung Westen und verbindet diese mit einer Autobahnausfahrt der A40 sowie mit dem Donezk Ring. Südlich der Alleestraße befindet sich ein Wohngebiet in dem bereits Verkehrsberuhigungsmaßnahmen durchgeführt worden sind. Es darf nur Schrittgeschwindigkeit gefahren werden; die Verkehrsstärke und die Emissionen sind entsprechend gering. In Abb. 11 ist die Alleestraße im Stadtplan dargestellt, der rote Kreis zeigt wiederum die Lage des Berechnungsausschnittes.

Abb. 11: Stadtplan Alleestraße

Der durchschnittliche tägliche Verkehr beträgt etwa 25.000 Fahrzeuge, die sich auf vier Spuren verteilt. Eine Verringerung der Verkehrsstärke ist hier nicht denkbar. Da die Immissionen, wie gleich zu sehen aber sehr hoch sind, besteht dringender Handlungsbedarf. Die berechneten Schallpegel sind hier mit der Verbindung des Flächennutzungsplans als Konfliktkarte dargestellt, um die Grenzwertüberschreitungen zu verdeutlichen. Abb. 12 zeigt den Zusammenhang.

Abb. 12: Konfliktkarte Alleestraße

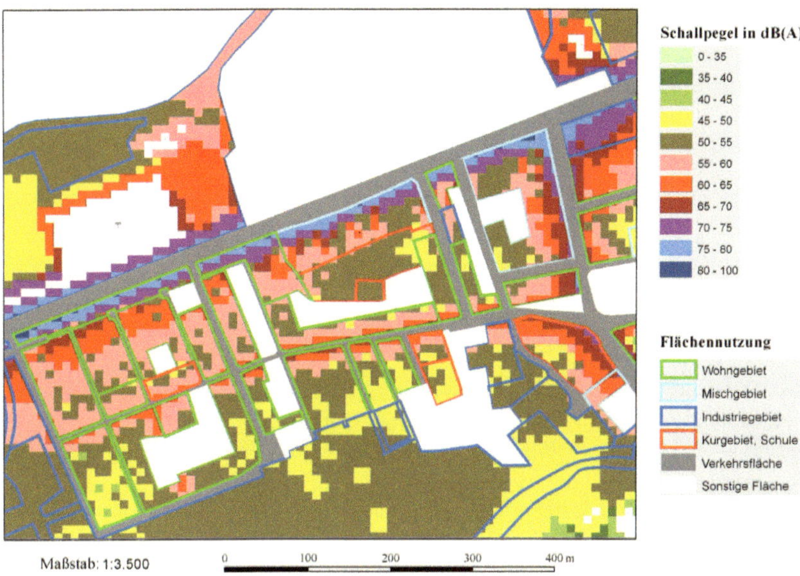


Die jeweiligen Nutzungen sind farblich umrandet und transparent, sodass die darunter liegenden Immissionspegel zum Vorschein kommen. Die Pegel liegen in unmittelbarer Nähe der Straße im Bereich von 70 – 75 dB(A), teilweise sogar bei über 75 dB(A). Nördlich der Alleestraße liegt ein großes Industriegebiet (Bochumer Verein), die Grenzwerte sind dort tagsüber bei 69 dB(A). Es liegen also lediglich leichte Überschreitungen vor. Direkt südlich an die Straße angrenzend befindet jedoch ein Wohngebiet (grüne Umrandung); das bedeutet, dass dort eine Grenzwertüberschreitung von 10 – 15 dB(A) vorliegt. Es ist also mehr als doppelt so laut wie es eigentlich sein dürfte. Etwa in der Mitte des Kartenausschnittes befindet sich auch ein Schulgelände, welches jedoch durch die davor liegenden Gebäude einigermaßen abgeschirmt wird. Die durchschnittliche Belastung liegt hier bei etwa 50 – 55 dB(A). Darüber hinaus gibt es auch noch zwei

Mischgebiete (Grenzwert: 64 dB(A)), wo im Erdgeschoss Einzelhandel betrieben wird, während die oberen Geschosse bewohnt sind. Die Überschreitungen der Immissionsgrenzwerte sind dort auch im zweistelligen Bereich. Wie wirkt sich nun eine Geschwindigkeitsverringerung der Fahrzeuge von den vorgeschriebenen 50 km/h auf 30 km/h aus? Die folgende Abbildung zeigt ein Screenshot aus IMMI, wobei oben die Ist-Situation und unten die neu berechnete dargestellt ist.

Abb. 13: Alleestraße Vorher - Nachher

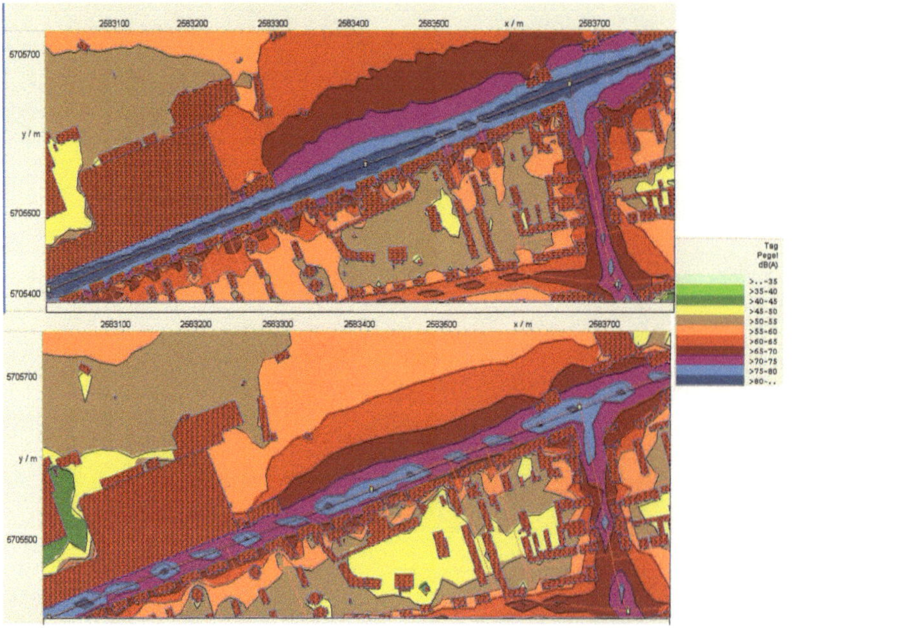


Man kann deutlich sehen, dass die Immissionen bei 30 km/h geringer ausfallen. An Einmündungen und Ampeln sind die Pegel zwar auch noch erhöht, jedoch herrschen in der Straßenmitte nicht durchgängig über 80 dB(A), so wie es bei 50 km/h der Fall ist. Die Gebäudevorderseiten der Wohngebiete liegen jetzt im Bereich von 65 – 70 dB(A), also immer noch über den Grenzwerten, jedoch ist es im Schnitt um 5 dB(A) leiser. Durch die Wirkung der Gebäude als Schallschirm sind aber auch diejenigen Bereiche deutlich leiser geworden, die sich weiter weg von der Alleestraße im Hintergrund befinden. Fraglich ist allerdings, ob sich einerseits eine Geschwindigkeitsverringerung durchsetzen lässt und andererseits die Auswirkungen auf den fließenden Verkehr nicht zu stark sind.

**4.4 Lkw- Anteil**

Lkw machen einen erheblichen Anteil, vor allem bei stark befahrenen Straßen, an der Gesamtemission aus. Anhand der vorliegenden Berechnung soll aufgezeigt werden, wie sich die Emissionen verringern, wenn Lkw die Zufahrt in eine bestimmte Straße verwehrt wird, also der Lkw-Anteil p auf 0 gesetzt wird. Das Untersuchungsgebiet liegt im Stadtteil Wiemelhausen, südöstlich der Bochumer Innenstadt. Es handelt sich dabei um den westlichen Teil der Wasserstraße, der, wie in Abb. 14 durch die rote Markierung zu sehen, an der Kreuzung mit der Universitätsstraße beginnt.

Abb. 14: Stadtplan Wasserstraße

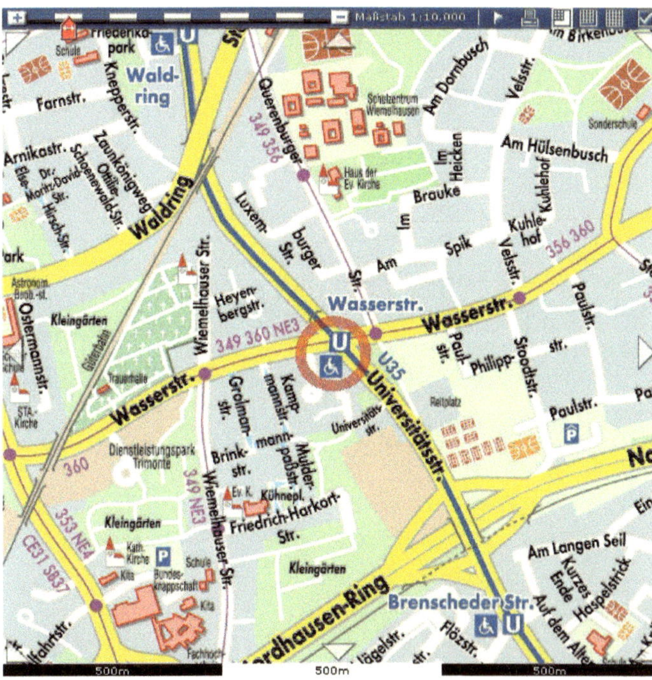


Quelle: www.stadtplandienst.de

An dieser Kreuzung könnte ein Verbot für Fahrzeuge über 3,5 t ausgewiesen werden. Der Lkw-Verkehr könnte über die Universitätsstraße und den Nordhausen-Ring umgeleitet werden. Die Wasserstraße verläuft vom Stadtteil Weitmar vorbei an einigen Gewerbegebieten und schließlich parallel zur Stadtautobahn (Oviedo-Ring bzw. Nordhausen-Ring). Der letzte Abschnitt verläuft jedoch durch ein Wohngebiet, sodass dort zugunsten der Lärmminderung auf den Lkw-Verkehr verzichtet werden könnte. Im Flächennutzungsplan sind die betroffenen Gebiete, bis auf ein Mischgebiet, auch als Wohngebiete ausgewiesen. Die Wasserstraße weist in diesem Bereich eine durchschnittliche tägliche Verkehrsstärke von 9700 Fahrzeugen auf, das Tempolimit beträgt 50 km/h. Für die Berechnung in IMMI wurde der Lkw-Anteil von zuvor 20% auf 0% gesetzt. In Abb. 15 ist oben der Ist-Zustand und unten der berechnete Zustand ohne Lkw von einem Screenshot aus IMMI zu sehen.

Abb. 15: Wasserstraße Vorher - Nachher

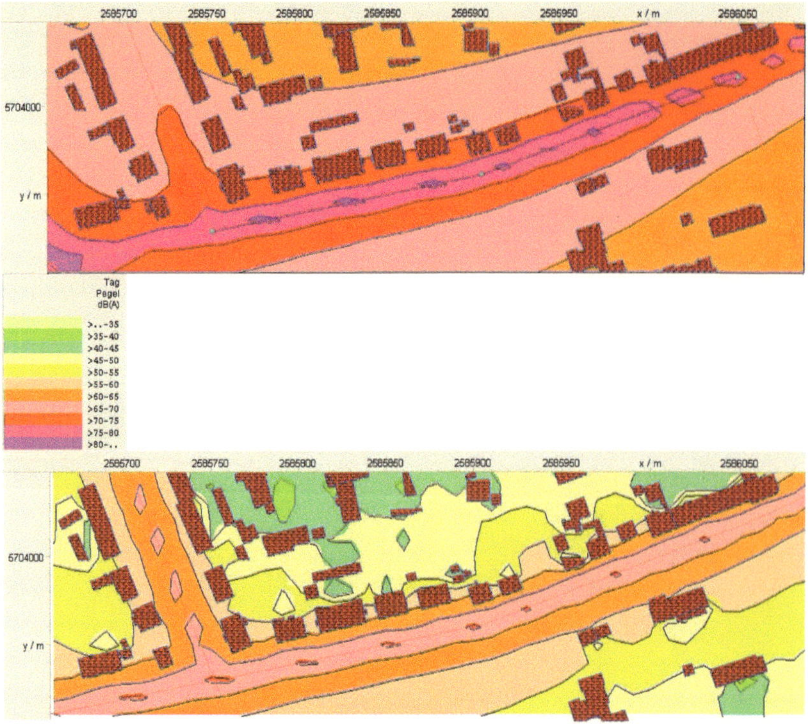


Die Schallpegel sind durch diese Maßnahme massiv gesunken. So liegen die Immissionen an der Häuserfront in der Mitte der Abbildung im Ist-Zustand bei 70 – 75 dB(A), was einer Grenzwertüberschreitung von über 15 dB(A) gleichzusetzen ist. In der unteren Abbildung liegen die gleichen Gebäude im Bereich von 55 – 60 dB(A), also innerhalb der Toleranz des vorgeschriebenen Grenzwertes von 59 dB(A). Auch in den hinteren Bereichen, gut sichtbar durch die grüne Signatur, sind die Werte viel geringer geworden. Ließe sich eine solche Maßnahme umsetzen, sehr aufwendig und kostspielig ist sie nicht, wäre das ein großer Zuwachs an Lebensqualität der Betroffenen. Der vom Straßenverkehr ausgehende Schallpegel würde weniger als halb so laut empfunden werden. Wenn nicht der komplette Lkw-Verkehr ausgeschlossen werden kann, wäre auch noch eine Zulassung lediglich für lärmarme Lkw oder ein Nachtfahrverbot denkbar.

### 4.5 Straßenbelag

Um die Wirkung von alternativen, lärmmindernden Oberflächen zu demonstrieren, wurde die A40 ausgewählt. Die Autobahn verläuft von Westen nach Osten quer durch das Bochumer Stadtgebiet und ist mit einem DTV-Wert von über 100.000 wohl die bedeutendste Verkehrsachse Bochums. Obwohl auf weiten Strecken Schallschutzwände errichtet wurden, ist die Lärmbelastung für Anlieger sehr hoch. Durch einen leiseren Straßenbelag würde erst gar nicht eine so hohe Belastung entstehen. Das Untersuchungsbeispiel ist willkürlich gewählt, da sich die Ergebnisse auch auf andere Teilgebiete übertragen lassen. Die Wirkung von offenporigen Straßenbelägen wäre auf der ganzen Strecke gleich groß. Das Gebiet liegt im Stadtteil Hamme, nordwestlich der Bochumer Innenstadt in der Nähe der Ausfahrt Bochum-Hamme. Der obere Ausschnitt in Abb. 16 mit dem kleineren Maßstab zeigt den Ist-Zustand nicht nur unmittelbar an der A40, sondern auch in näherer Umgebung. Hierbei ist zu beachten, dass etwaige Schallschutzmauern oder – Wälle bei der Berechnung nicht berücksichtigt wurden.

Abb. 16: A40 mit offenporigem Asphalt

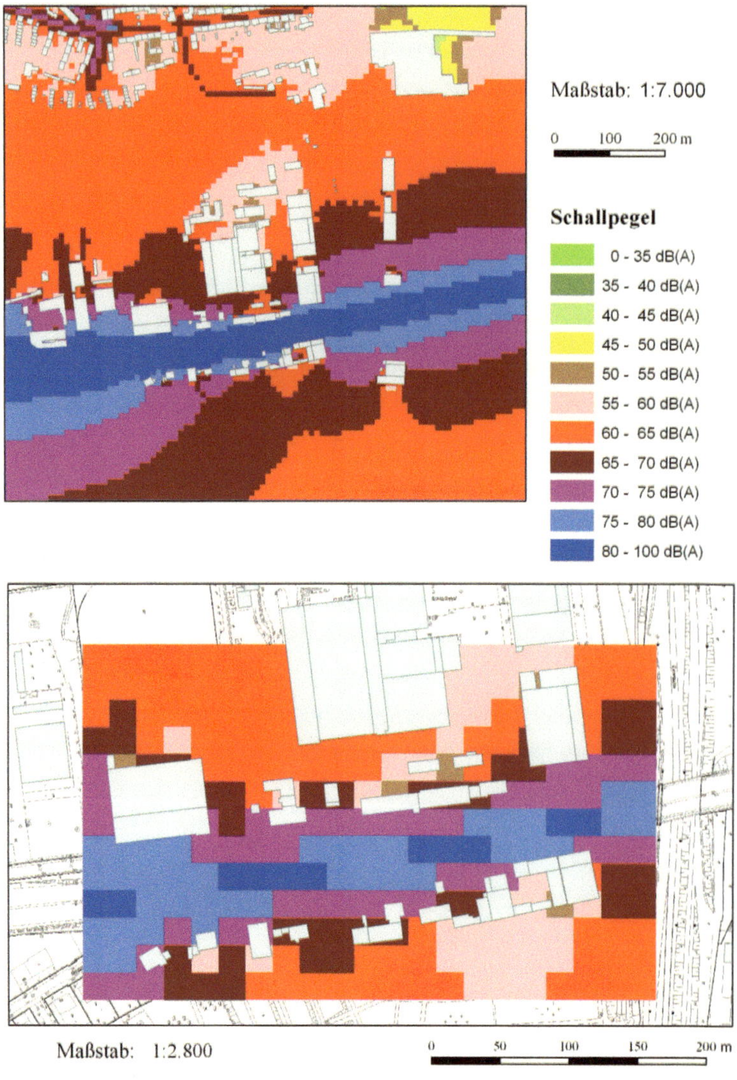


Trotzdem und trotz des kleinen Ausschnitts und des groben Rasters lässt sich die Wirkung des Asphaltes in der unteren Abbildung erkennen. Für die Berechnung in IMMI wurde der nicht geriffelte Gussasphalt durch einen leisen Fahrbahnbelag ersetzt. Die Schallpegel sind an der Gebäudefront von 75 – 80 dB(A) um bis zu 10 dB(A) gesunken

(Signatur 65 – 70 dB(A)). Hierbei handelt es sich vorwiegend um Industriegebiete, allerdings befindet sich sowohl in diesem Ausschnitt, als auch in weiteren Gebieten Wohnnutzungen in unmittelbarer Nähe zur A40. Eine Immission von bis zu 80 dB(A) stellt da eine Belastung dar, die an der Grenze zur Zumutbarkeit liegt. Durch den Einsatz von offenporigem Asphalt könnten diese Gebiete entlastet werden. Eine mögliche Umsetzung würde sich beispielsweise bei den derzeitigen Ausbaumaßnahmen an der Ausfahrt Bochum-Stahlhausen anbieten.

**4.5 Schallschutzwand**

Als letztes Beispiel für aktive Lärmminderungsmaßnahmen soll die Wirkung einer Schallschutzwand demonstriert werden. Das Untersuchungsgebiet ist wieder sehr kleinräumig und befindet sich im Stadtteil Weitmar südwestlich der Innenstadt. Es handelt sich dabei um eine Gemeindebedarfsfläche an der Matthäusstr. mit einem Kindergarten, einer Kirche und einem Gemeindehaus. Abb. 17 zeigt den räumlichen Bezug anhand des Stadtplans.

Abb. 17: Stadtplan Matthäusstr.

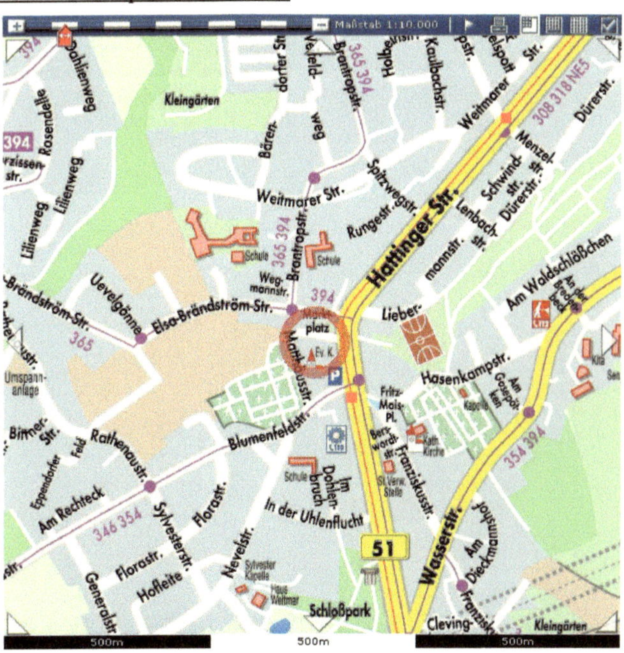

In unmittelbarer Nähe der Matthäusstr. verläuft die B51 (Hattinger Str.), welche für die hohen Immissionen in diesem Gebiet verantwortlich ist. Sie führt mit einem Tempolimit von 50 km/h von der Innenstadt bis hin in den Bochumer Süden und ist die einzige größere und die wichtigste Straße in dieser Region. Das zeigt sich auch beim DTV-Wert, der bei 10.300 Fahrzeugen liegt. Darüber hinaus verkehren die Straßenbahnlinien 308 und 318 sowie kurzzeitig zwei Buslinien auf der Hattinger Str., welche die Immissionen zusätzlich erhöhen. Das umliegende Gebiet ist insgesamt sehr heterogen: Westlich der Matthäusstraße gibt es ein Industriegebiet mit großen Gebäuden, Lagern und Büroräumen, umliegend befinden sich einige Wohngebiete. Bei den an der Hattinger Str. angrenzenden Gebieten handelt es sich meist um Mischgebiete mit zum Teil gewerblicher Nutzung im Erdgeschoss. Das untersuchte Gebiet, welches ja laut Flächennutzungsplan als besonders schützendwert eingestuft ist, befindet sich inmitten dieser konkurrierenden Nutzungen. In der folgenden Abbildung sind die Immissionspegel einmal beim Ist-Zustand und einmal nach dem Bau einer Schallschutzwand zu sehen.

Abb. 18: Matthäusstraße Vorher - Nachher

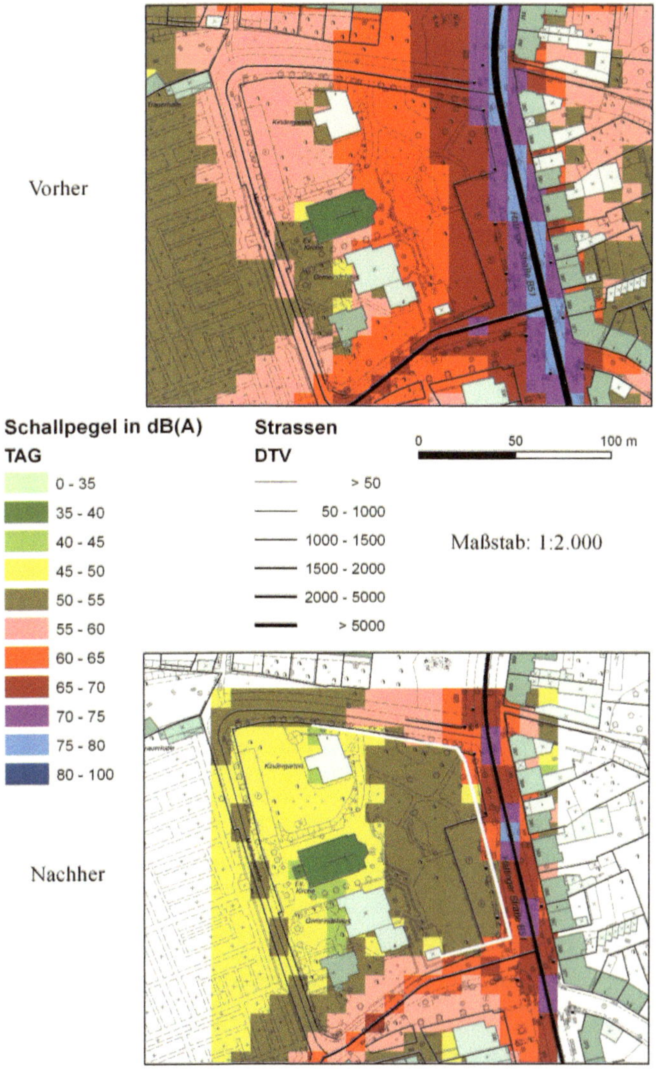


Der Kindergarten ist das Gebäude am oberen Kartenausschnitt, die Kirche liegt in der Mitte und das Gemeindehaus darunter. Im Ist-Zustand sind die Immissionen meist im Bereich von 60 – 65 dB(A) und liegen damit über dem Grenzwert von 57 dB(A). Mit dem Bau einer 2 m hohen Schallschutzwand in der Nähe der Hattinger Straße, welche in der unteren Abbildung als weiße Linie gekennzeichnet ist, können die Pegel noch mal deutlich reduziert werden. Die meisten Gebäude liegen nun im Bereich von 45 – 50 dB(A). Fraglich ist, ob eine Schallschutzwand nicht zu einer starken Sichtbehinderung führen würde, allerdings gibt es in diesem Bereich Vegetation, die diesen Effekt abmildern könnte.

## 5 Fazit

Der Bochumer Straßenverkehr verursacht teilweise erhebliche Lärmbelastungen. In einigen Gebieten werden die Grenzwerte um bis zu 15 dB(A) überschritten. Ohne geeignete passive Lärmminderungsmaßnahmen, diese betreffen alle Maßnahmen am Immissionsort wie z.B. Schallschutzfenster, werden die dort lebenden Menschen erheblich belästigt und in ihrer Lebensqualität eingeschränkt. Dies sollte jedoch nur der letzte Auswege sein, wenn sich aktive Maßnahmen nicht mehr umsetzen lassen. Die berechneten Ergebnisse haben gezeigt, dass sich durch diese Maßnahmen auch erhebliche Immissionsverringerungen realisieren lassen. Das Instrumentarium ist sehr umfangreich und bietet verschiedene Ansätze. Dabei müssen dies nicht zwingend teure und aufwändige Bauprojekte sein. Auch durch ein einfaches Tempolimit oder ein Lkw-Verbot auf bestimmten Strecken lassen sich sensible Bereiche entschärfen. Eine Schallschutzwand ist zwar sehr effektiv, bringt jedoch auch einige Nachteile mit sich. Großes Potential bieten die geräuscharmen Straßenbeläge. Gerade auf stark und mit hoher Geschwindigkeit befahrenen Strecken würden sich diese sehr positiv auf die Lärmbelastung auswirken. Es bleibt zu hoffen, dass im Zuge der Umgebungslärmrichtlinie der Europäischen Union auch einige Maßnahmen umgesetzt werden. Allerdings stellt sich bei der Lärmminderungsplanung auch immer die Frage der wirtschaftlichen Verhältnismäßigkeit der Maßnahmen. Ein weiterer Aspekt, auf den die Stadt Bochum jedoch keinen Einfluss hat, ist die Verwendung lärmarmer Reifen. Hier ist die EU gefragt, die bestehenden Grenzwerte nach unten zu korrigieren. Gerade in Anbetracht des zunehmenden Verkehrs gewinnt die Geräuschminderung an der Quelle eine immer wichtigere Bedeutung. Letztendlich ist es aber immer noch am besten, den Pkw so selten wie möglich zu benuten, denn so entstehen gar nicht erst Schallimmissionen. Hier sollten noch weitere Anreize geschaffen werden, verstärkt auf andere Verkehrsmittel umzusteigen. Ideal ist die Nutzung von Fahrrädern. Das schont die Umwelt und den Geldbeutel, verursacht keinen Lärm und ist obendrein auch noch gesund.

## Literaturverzeichnis

Bank, Matthias 1994: Basiswissen Umwelttechnik: Wasser, Luft, Abfall, Lärm, Umweltrecht. 2. Auflage. Würzburg

Bayrisches Landesamt für Umwelt (Hg.) 2007: Lärm – unausweichlich störend http://www.lfu.bayern.de/laerm/index.htm [21.08.2008]

Bundesministerium für Verkehr (Hg.) 1998: Lärmschutz im Verkehr. Schiene Straße Wasser Luft. 2. Auflage, Bonn

Krell, Karl 1990: Handbuch für Lärmschutz an Straßen und Schienenwegen. 2. Auflage, Darmstadt

Ministerium für Stadtentwicklung, Wohnen und Verkehr des Landes Brandenburg (Hg.) 2001: Städtebauliche Lärmfibel. Hinweise für die Bauleitplanung. Frankfurt (Oder).

Noack, Robert 1995: Lärm und Ruhe. Untersuchungen zur Belästigung durch Verkehrsgeräusche und Pegelschwankungen. Düsseldorf

Rauschenberg, Rainer H. 1999: Potentiale für die Verringerung der externen Effekte des Verkehrssektors durch einen dezentralisierten und automatisierten Gütertransport. http://www.wiwi.uni-frankfurt.de/~rainerh/diss/ [21.08.2008]

Schick, Peter 1998: Auswirkungen von Verkehrsberuhigungsmaßnahmen auf die Lärmbelastung. Diplomarbeit, Leopold-Franzens-Universität zu Innsbruck.

Schepers, Benjamin 2006: Simulation der Schallimmissionen durch Straßen- und Schienenverkehr a Beispiel der südwestlichen Bochumer Innenstadt. Bachelor-Arbeit, Ruhr-Universität zu Bochum

Schmid, Benny 2007: Lärmminderungsmaßnahmen am Beispiel Bochum-Ehrenfeld. Bachelor-Arbeit, Ruhr-Universität zu Bochum.

Stadt Braunschweig (Hg.) 2006: Lärm. http://www.braunschweig.de/umwelt_naturschutz/infos/umweltatlas/10/10.html [21.08.2008]

Umweltbundesamt (Hg.) 2008: Lärm – das unterschätzte Risiko! http://www.umweltdaten.de/publikationen/fpdf-l/3203.pdf [21.08.2008]

Umweltbundesamt (Hg.) 2007a: Umgebungslärmrichtlinie http://www.umweltbundesamt.de/laermprobleme/ulr.html [21.08.2008]

Umweltbundesamt (Hg.) 2007b: Wissenswertes über tieffrequenten Schall http://www.umweltbundesamt.de/laermprobleme/publikationen/infraschall.pdf [21.08.2008]

Umweltbundesamt (Hg.) 2003: Presse-Information Archiv 17/2003. Pkw fahren mit neuen Reifentypen leiser und sparen Kraftstoff http://www.umweltbundesamt.de/uba-info-presse/2003/pd06503.htm [21.08.2008]

VCD Verkehrsclub Deutschland e.V. (Hg.) 2003: Bekämpfung von Straßenverkehrslärm. Tagungsband. Bonn

Zieten, Martin 2006: Analyse des Straßenverkehrslärms nordwestlich der Bochumer Innenstadt. Bachelor-Arbeit, Ruhr-Universität zu Bochum